El Algodoncillo, la Monarca, y la Luna

ISBN 978-0-9909000-6-1 Educación/Elementaría EDU010000

El autor proporciona estos materiales que sean necesarios. Renuncia a todas las garantías, incluyendo utilidades para un propósito en particular además, el autor no representa ni garantiza que la información sea exacta complete o actual.

El autor y sus representantes no serán responsables de los daños que surjan de o en conexión con este producto. Este es una limitación de la responsabilidad que se aplica a los daños consecuenciales o pérdida de ingresos, beneficios, o propiedad, y reclamaciones de terceros.

El Algodoncillo, La Monarca, y La Luna

escrito e ilustrado
Davida Galilee

traducción español
Bassia Bar-Chai

¿Alguna vez te preguntas
por qué una parte de la luna
parece desaparecer?

Esta historia cuenta cómo
puedes ver pasar el tiempo si
miras la luz de la luna.

Al pasar estas páginas aprenderás palabras que pueden ayudarte a aprovechar el tiempo para ti mismo.

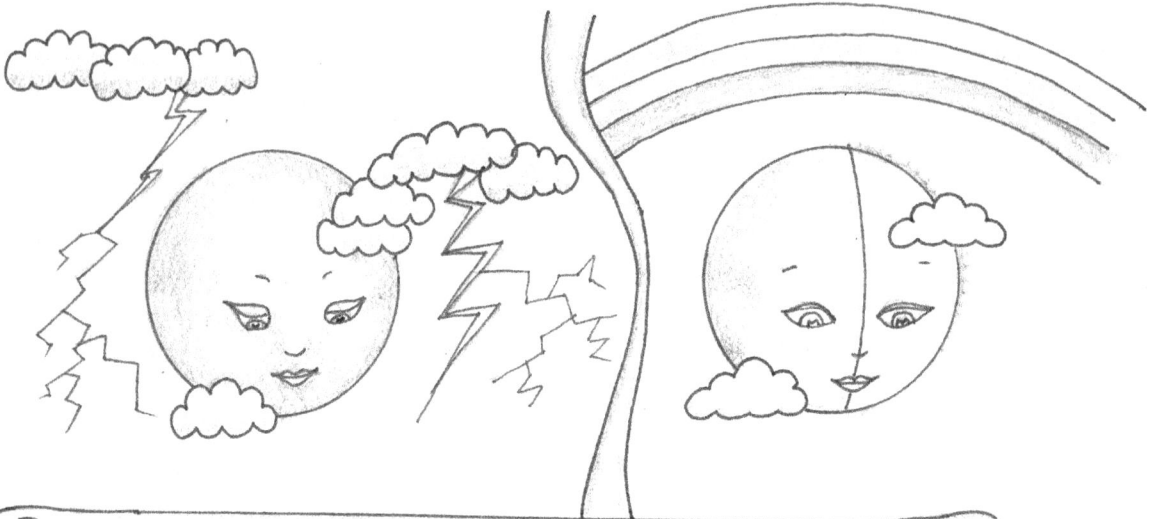

La órbita de la luna tiene cuatro fases:

NUEVO

↘

PRIMER TRIMESTRE

↘

COMPLETE

↘

ÚLTIMO TRIMESTRE

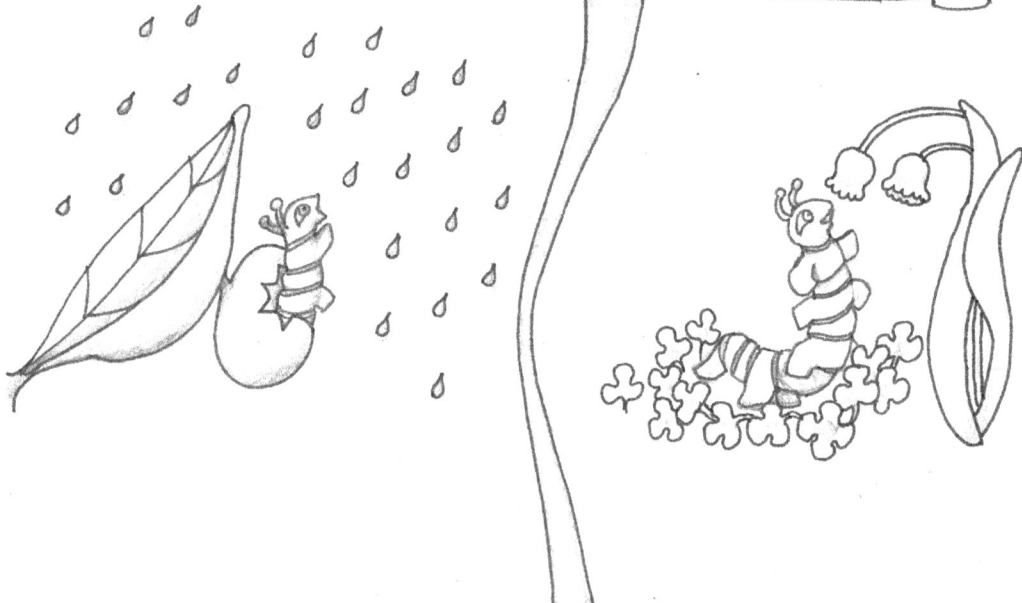

La vida del monarca tiene cuatro etapas:

HUEVO
→ ORUGA
→ CRISÁLIDA
→ MARIPOSA

La vida del monarca comienza
cuando una mariposa pone un
huevo en la ojada una planta de
algodoncillo.

Unas días más tarde, el huero sale
y sale una orejita.

La pequeña oruga come hojas de algodoncillo para crecer.

Otros insectos no comen la planta de algodoncillo porque si lo hacen, se enfermarán.

La oruga crece tan rápido que muda su piel como una chaqueta que se volvió demasiado apretada.

Esto se llama MUDA. En dos semanas la oruga muda cinco veces!

La quinta vez que muda la oruga hace algo nueva. Se cuelga boca abajo en un lugar seguro y se esconde detrás de una caparazón duro.

Un monarca es una de las pocas criaturas que tiene una transformación compete. Esto se llama METAMORFOSIS.

La etapa de crisálida ocurre en la mitad del ciclo de vida del monarca.

La luna llena ocurre en el medio de la órbita de la luna.

Lo que sucede en la crisálida es tan maravilloso que se mantiene en secreto.

Después de 11 días, si nada perturba la crisálida sucede algo increíble.

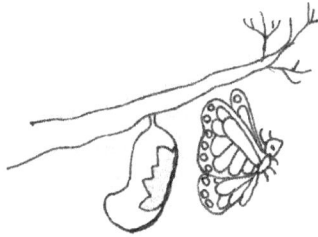

¡La oruga rastrera no se puede
encontrar en ningún lado!

¡Fuera de la crisálida viene
una hermosa mariposa!

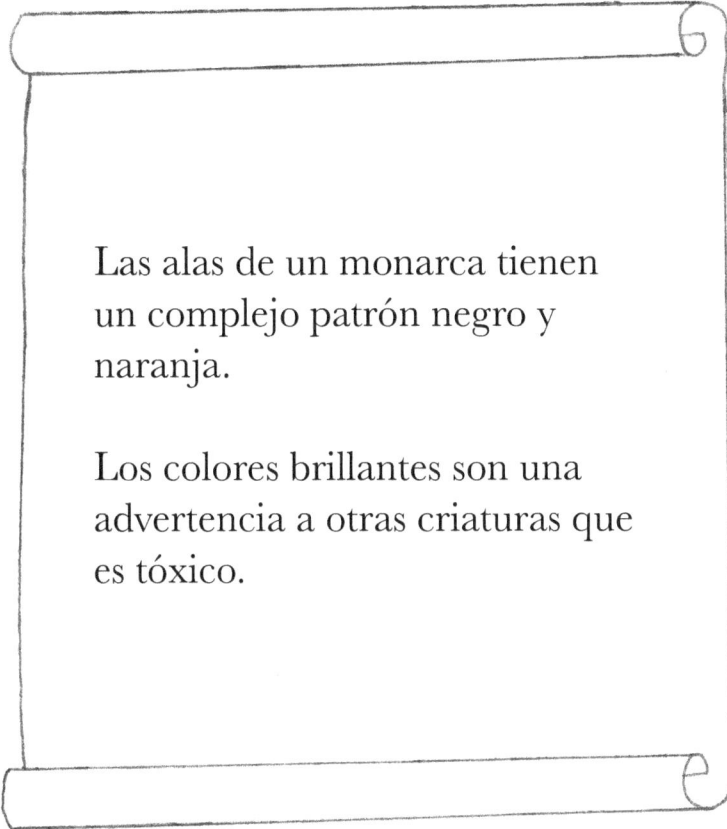

Las alas de un monarca tienen un complejo patrón negro y naranja.

Los colores brillantes son una advertencia a otras criaturas que es tóxico.

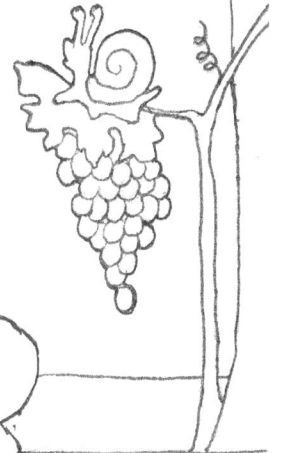

Se su hogar tiene una estación fresca, la monarca se aleja hasta que vuelva a estar caliente.

Esto se llama MIGRACIÓN.

Pueden recorrer mil millas, pero solo pueden volar en aire cálido.

La metamorphosis y la migración del monarca ocurren en un momento determinado de acuerdo con un plan.

Esto se llama un **HORARIO**.

Los monarcas dependen de los algodoncillos y también ayudan a los algodoncillos.

Los monarcas ayudan a polinizar las plantas para que puedan producir nuevas semillas.

No hay muchos algodoncillos
desde los edificios han
cubierto los campos.

Si tiene un jardín, puede
ayudar a los monarcas
plantando un algodoncillo,
Ud. mismo.

Dos actividades diferentes pueden trabajar juntas para ayudar a que cada una sea más exitosa.

Ese tipo de cooperación se llama SINERGIA.

La sinergia entre el monarca y el algodoncillo nos recuerda intentar cooperar.

¿Puedes pensar en cualquier cosa que hagas que pueda ayudar a otra persona a tener éxito en otra cosa?

No importa qué hace cualquier persona, la luna sigue viajando alrededor de la tierra en su camino.

Esta ruta se denomina una ÓRBITA.

Se lo llama un MES LUNAR.

Durante el mes lunar, la
luna muestra más luz y
a continuación, obtiene
más oscuro de derecha a
izquierda.

Una luna llena marca la
mitad del mes lunar.

Dodo lo que sucede en el mundo toma tiempo.

Las cosas como la órbita de la luna suceden exactamente en el momento previsto. Puede piensa Ud.

¿En cosas que hace en forma regular?

Por lo general, se hace más con
un plan, especialmente si hay
sinergia.

El uso cuidadoso del tiempo
ayuda alcanzar sus objetivos y
a disfrutar de más tiempo libre.

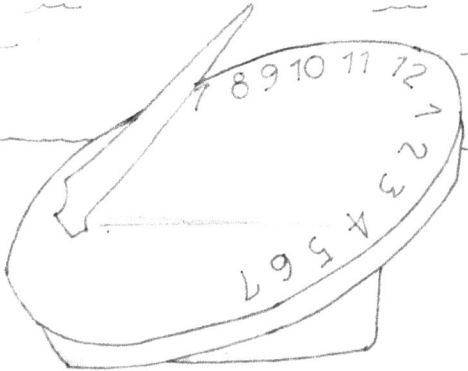

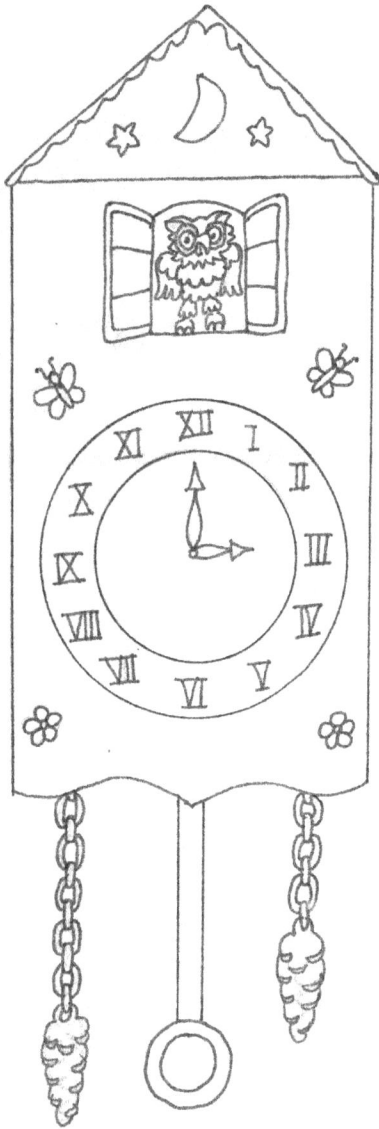

Algunas herramientas para rastrear el tiempo son

RELOJES,

CALENDARIOS,

Y DIARIOS.

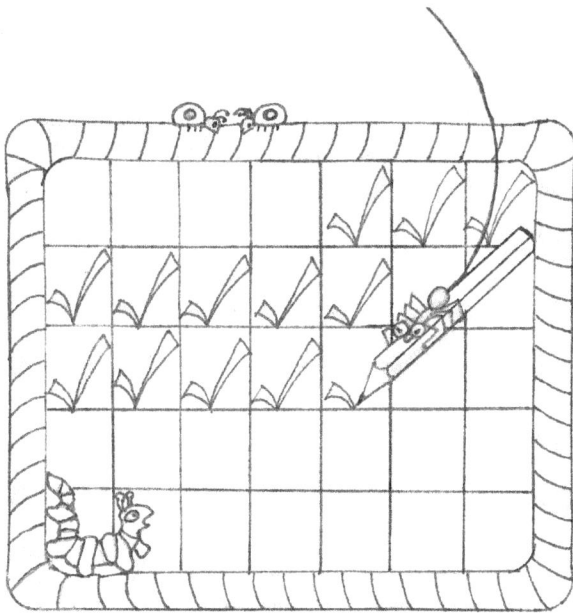

El tiempo se puede medir en:

HORAS

DÍAS

SEMANAS

MESES

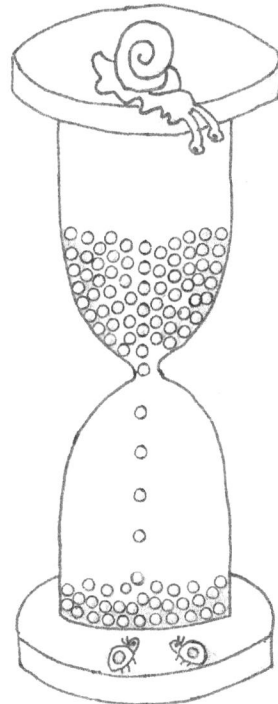

Dado el tiempo suficiente, los
Buenos planes y la sinergia, todo es
posible.

Mantenga la esperanza incluso
si las cosas no salen bien
porque mañana puede darle la
oportunidad de un...

NUEVO

COMIENZO

FRESCO!

EL ALGODONCILLO

Las hojas del algodoncillo son tóxicas para muchos otros animales. Cuando un monarca come las hojas, está protegido porque también se vuelve tóxico para sus depredadores.

Las semillas de algodoncillo se desarrollan dentro de una vaina. Cada semilla tiene su propia pluma que atrapa el viento cuando se libera.

Las fibras sedosas son tan ligeras que se usan para fabricar equipos de flotación. La savia de los algodoncillos.

La sido utilizada como un medicamento para tratar las verrugas desde la antigüedad. Debe manipularse con cuidado o se puede irritar los ojos.

¡Además el sabor es horrible!

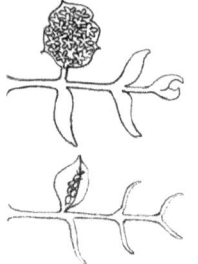

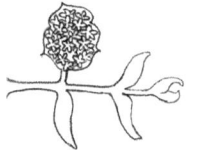

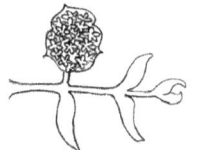

LA MONARCA

El monarca necesita un clima cálido para vivir.
En las áreas que tienen inviernos fríos, el monarca
vuela a un lugar más cálido para unas vacaciones.
Esto se conoce como migración anual.

Los monarcas que deben migrar lejos de un clima
frio tienen una vida más larga. No pondrán huevos
hasta que regresen a su lugar de origen, cuando
las nuevas hojas de algodoncillo estén listas en la
primavera cada huevo de monarca debe nacer en
una hoja de algodoncillo para sobrevivir. Crece
en dos semanas a través de cinco etapas llamadas
"estadios". En cada instar muda una piel que ha
crecido demasiado como un viejo abrigo. En el
quinto instar la oruga hace un gancho y se cuelga
en forma de un "J". Luego reemplaza su capazón
llamada crisálida.

El total de días de un ciclo de vida puede desviarse
debido a la temperatura y diversas influencias
naturales. Por lo general, un monarca madura
aproximadamente en el mes lunar.

LA LUNA

La luna siempre muestra su cara a la tierra, pero el sol también brilla en la parte posterior de la luna. La parte de atrás se ve por el viro solar y la órbita de la luna. El camino de la luna se puede observar a medida que se vuelve más brillante y luego se atenúa desde la derecha a la izquierda. La forma de la luz cambia un poco cada noche.

El mes lunar muestra un patrón de luz llamado "fases". Las cuatro fases claras que forman el cuarto de la órbita de la luna son oscuras, mitad llenas a la derecha y mitad llenas a la izquierda.

Algunas naciones usan un calendario gregoriano que comienza en enero es la forma generalmente aceptada.

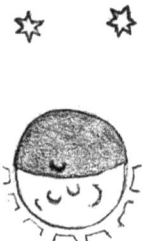

La luna no pasa por fases debido a la sombra de la tierra. Cuando se oscurece en el lado que conocemos, el sol brilla en el lado que no se ve.

ES CUESTION DE TIEMPO

Un mes lunar es suficiente tiempo para el ciclo de vida del monarca.

4 días para que nazca un huevo.

+14 días para completar los síntomas de instar.
+11 días para salir da la crisálida 29 días.

También sería tiempo suficiente para que un alumno gane una nueva habilidad, se relaje y hable algunas palabras en un idioma extranjero o para tocar un instrumenta musical.

¿Puedes pensar en una actividad que comenzar en el próximo mes lunar?

Dado un objetivo factible, puedes seguir tu progreso observando las fases de la luna.
Las escuelas y las bibliotecas, los servicios comunitarios y el Internet pueden ayudarlo a planificar.

¡Si no se logra su objetivo, vuelva a intentarlo cuando empieza el próximo mes!

Sobre el Autór

Davida Galilee recibió su M.A. en asesoría y recibió
entrenamiento en Dirección Rendimiento en el Aprendizaje para
una universidad corporativa.

Su pasatiempo preferido es de observar las maravillas de la
naturaleza con sus niños y sus nietos.

Reconocimientos

Este libro ha sido posible gracias al útil aliento de queridos
amigos, especialmente me hija, Rebecca, quien estimuló su
producción y mi hermana Sandra, que proporcionó apoyo
editorial.

Gracias a Bassia Bar-Chai por su apoyo constante de su trabajo
con la edición del texto y de la traducción al español. Gracias
a David Bar-Chai por su profunda inspiración y apoyo con las
ilustraciones.

Con gratitud,
Davida

www.ingramcontent.com/pod-product-compliance
Lightning Source LLC
Chambersburg PA
CBHW080948050426
42337CB00055B/4733